Kernspaltung und Gaslaterne

Rolf-Günter Hauk

Kernspaltung und Gaslaterne

Die Verwendung von Thorium im Dritten Reich

© 2015 Rolf-Günter Hauk

Korrektorat, z.T. Layout: Jörg Querner – www.anti-fehlerteufel.de

Verlag: tredition GmbH, Hamburg

ISBN:
Paperback 978-3-7323-6721-4
Hardcover 978-3-7323-6722-1
e-Book 978-3-7323-6723-8

Printed in Germany

Das Werk, einschließlich seiner Teile, ist urheberrechtlich geschützt. Jede Verwertung ist ohne Zustimmung des Verlages und des Autors unzulässig. Dies gilt insbesondere für die elektronische oder sonstige Vervielfältigung, Übersetzung, Verbreitung und öffentliche Zugänglichmachung.

Ein Geheimnis bleibt am besten gewahrt,
wenn es offensichtlich ist.

Inhalt

Vorwort ... 9
Der Anfang ... 12
   Entdeckung der Uranspaltung ... 12
   Ein privates Labor ... 13
   Die Versuche zur Anreicherung von Uran U235 ... 16
   Zusammenfassung ... 19
Thorium ... 20
   Was wussten deutsche Wissenschaftler von Thorium? ... 20
   Eigenschaften von Thorium ... 23
   Herstellung von Uran U233 aus Thorium ... 24
   Die Produzenten von Thorium ... 25
   Zusammenfassung ... 32
Vergleich der Eigenschaften von Uran U235 und Uran U233 ... 33
   Zusammenfassung ... 39
Wer setzte Thorium im Dritten Reich ein? ... 40
   Zusammenfassung ... 42
Neutronenquellen ... 43
   Zusammenfassung ... 45
Die Glocke und Thorium ... 46
   Die Funktion des Kerns ... 47
   Die Funktion der Trommeln ... 49
   Zusammenfassung ... 55
Beweise ... 56
Epilog ... 58
Glossar ... 59
Anmerkungen ... 63

Vorwort

Als Ende des letzten Jahrhunderts die Mauer fiel, die Wiedervereinigung gefeiert wurde und der Kalte Krieg zu Ende war, konnte keiner der an der deutschen Atomtechnologie während des zweiten Weltkrieges Interessierten ahnen, dass dadurch der Vorhang zu neuen und interessanten Informationsquellen und Erkenntnissen geöffnet wurde.

Vor 1989/1990 war das Standardwerk, aus dem Informationen gewonnen werden konnten, das Buch von David Irving „Der Traum von der Deutschen Atombombe" von 1967. Das Ergebnis dieses Buches war, dass es den deutschen Physikern bis Kriegsende nicht gelungen war, eine Atombombe zu entwickeln. Auch die kurz nach der Wende erschienenen Bücher von Mark Walker „Die Uranmaschine" und von Paul Lawrence Rose „Heisenberg und das Atombombenprojekt der Nazis" kamen zu dem gleichen Ergebnis.

Erst durch verschiedene Bücher von Thomas Mehner, Edgar Mayer, Harald Fäth und anderen Autoren wurde die Möglichkeit einer existierenden Atombombe zu Ende des Krieges erneut aufgeworfen. Da es sich hierbei um keine gestandenen Historiker handelte, wurden die Erkenntnisse als nicht gerade seriös hingestellt und von der Fachwelt offiziell nicht beachtet.

Einen Durchbruch brachten dann die Bücher „Hitlers Bombe" von Rainer Karlsch und der Nachfolgeband von Rainer Karlsch und Heiko Petermann „Für und Wider Hitlers Bombe". Obwohl auch die in den Büchern aufgeführten Ergebnisse von der Fachwelt stark kritisiert wurden, so flossen in die

Recherchen viele Dokumente ein, die das Vorhandensein von Atombomben bzw. zündfähigen Kernsprengsätzen sehr wahrscheinlich machten.

Im Jahr 2002/2003 konnte man im Buch des polnischen Journalisten Igor Witkowski „Truth about the Wunderwaffe" oder später auch in deutsch als „Die Wahrheit über die Wunderwaffe" vieles über den Einsatz der Hochtechnologie im Dritten Reich für die Waffenentwicklung erfahren. Im Abschnitt „Kernwaffen" weist Witkowski auf den Umstand hin, dass die Forschung im Bereich der Kerntechnik auf viele unabhängige Gruppen im gesamten Reichsgebiet verteilt war. Fast alle anderen Bücher geben jedoch die Rechercheergebnisse vorrangig aus bestimmten Regionen wieder (Thüringen, Jonastal ...). Eine Ausnahme stellen die Bücher von Karlsch dar.

Thorium wird in diesen Büchern, wenn überhaupt, nur nebenbei erwähnt. Die einzige Ausnahme ist das Buch von Philip Henshall „The Nuclear Axis". Dieses stellt den Ausgangspunkt der für dieses Buch durchgeführten Recherchen dar.

Geheime Forschungen und Entwicklungen werden im Zusammenhang mit Thorium beleuchtet, die schwerpunktmäßig im Eulengebirge im ehemaligen Niederschlesien stattfanden. Witkowski wies in seinem Buch „Die Wahrheit über die Wunderwaffen" in Teil 2 auf Seite 99 auf folgenden interessanten Hinweis hin: Auf einer deutschen Karte war der Ort Fürstenstein bei Waldenburg (heute Ksiaz) mit dem damaligen Symbol für Spaltmaterial gekennzeichnet, obwohl Witkowski in seinem Buch über das Auftauchen solches Materials dort nicht berichten konnte.

Lauter solche Puzzleteile versuche ich in diesem Buch aufzunehmen, zusammenzusetzen und ein mögliches Szenario daraus zu konstruieren. Begleiten Sie mich auf den folgenden Seiten bei dieser spannenden Exkursion.

Der Anfang

Entdeckung der Uranspaltung

In der Zeitschrift „Die Naturwissenschaften", 27. Jg. (1939) wurde ein Artikel mit der Überschrift „Nachweis der Entstehung aktiver Bariumisotope aus Uran und Thorium durch Neutronen-Bestrahlung; Nachweis weiterer aktiver Bruchstücke bei der Uranspaltung" von Otto Hahn und Fritz Strassmann veröffentlicht. In diesem Artikel wurde der endgültige Beweis für die Kernspaltung dargelegt. Neben dem Nachweis, dass mit Neutronen bestrahltes Uran Bariumisotope entstehen ließ, wurde auch der Nachweis erbracht, dass bei Bestrahlung von Thorium mit Neutronen ebenfalls Bariumisotope entstanden waren. Die gleichen Ergebnisse erreichten Fermi, Joliot und andere Wissenschaftler und bestätigten die getroffenen Annahmen. Die Uran- oder Kernspaltung war damit nachgewiesen.

Damit dies kein Vorgang bleibt, der nach einer Kernspaltung aufhört, sondern eine Kettenreaktion einsetzt, ist es notwendig, dass bei jeder Kernspaltung mehr als ein Neutron freigesetzt wird. Die französischen Physiker Joliot, von Halban und Kowarski berichteten am 7. April 1939, dass im Durchschnitt von einem Urankern während der Spaltung 3,5 Neutronen freigesetzt würden. Die heute angenommene Zahl beträgt 2,5[1]. Damit war die Möglichkeit einer Kettenreaktion erkannt und auch der Gewinn von Energie aus der Kernspaltung gegeben.

Im Frühjahr 1939 wurde daraufhin von Prof. Abraham Esau eine Konferenz einberufen, um eine gemeinsame Forschungsgruppe zu bilden. Prof. Esau war Direktor der Physikalisch-

Technischen Reichsanstalt und leitete die Fachsparte Physik im Reichsforschungsrat des Erziehungsministeriums. Auch das Oberkommando des Heeres hatte ein eigenes Kernforschungsvorhaben aufgebaut. Der Hamburger Physiker Prof. Paul Harteck und sein Assistent Dr. Wilhelm Groth hatten zusammen einen Brief an das Reichsforschungsministerium geschrieben, in dem diese erklärten, dass die neuesten Entwicklungen auf dem Gebiet der Kernphysik es wahrscheinlich ermöglichen würden, einen Sprengstoff herzustellen, der um viele Größenordnungen stärker sei als alle konventionellen[2].

Im Mai 1940 wurde von P. O. Müller aus Berlin-Dahlem ein Dokument erstellt über die Bedingungen für die Verwendung von Uran als Sprengstoff. Dabei wurde der notwendige Anreicherungsgrad berechnet. Jedoch wurde ab 1942 nicht mehr von einer Bombe gesprochen.[3]

Ein privates Labor

In Berlin-Lichterfelde betrieb Manfred von Ardenne ein privates Forschungslabor. Er beschäftigte sich dort mit Hochfrequenztechnik sowie mit Kernphysik und arbeitete eng mit der Reichspost zusammen.

Am 1. Januar 1941 begann Prof. Houtermans seine Arbeiten in diesem Labor. Dieser war 1933 nach dem Wahlsieg der NSDAP nach Russland emigriert. Nach mehrjähriger Lehrtätigkeit als Physiker wurde er in Russland inhaftiert und im Zuge des deutsch-russischen Paktes amnestiert. Im Deutschen Reich wurde er der Geheimen Staatspolizei ausgeliefert und für drei Monate inhaftiert. Danach begann er seine Tätigkeit im Labor von Manfred von Ardenne in Lichterfelde. Dort beschäftigte er sich z.B. mit der Abschätzung des Energieverbrauchs bei der Isotopentrennung und Messung von Wirkungsquerschnitten für langsame Neutronen.[4]

Im Jahr 1941 stellte er einen Geheimbericht „Zur Frage der Auslösung von Kernkettenreaktionen"[5] zusammen. Dieser wurde an alle maßgeblichen deutschen Kernphysiker verteilt. Trotzdem taucht der Name Houtermans weder in einem späteren Vortrag von Werner Heisenberg noch bei den Tonbandaufzeichnungen der internierten deutschen Physiker in Farm Hall in der Nähe von Cambridge auf.

Für uns ist Houtermans jedoch ein wichtiger Zeitzeuge, der sich intensiv mit der Kernspaltung beschäftigte, wie aus dem Geheimbericht hervorgeht. Er konzentrierte sich in diesem Bericht jedoch auf die Anwendung von Uran U238 und Uran U235 und dem Verhalten bei der Bestrahlung mit schnellen und thermischen (langsamen) Neutronen. Im Abschnitt „Kernspaltung durch schnelle Neutronen" wird kurz auf Angaben von Joliot, Savitch, Szilard und Zinn verwiesen. Diese gaben die Anzahl der neu entstehenden Neutronen bei Spaltung durch thermische Neutronen bei Uran U233 zwischen 1,5 und 3,5 an. Damit taucht hier Uran U233 als mögliches Uranisotop für eine Kettenreaktion auf.

Im Kapitel „Möglichkeiten zur Auslösung einer Kettenreaktion mit thermischen Neutronen" beschreibt Houtermans, dass eine Kettenreaktion ausgelöst werden kann, wenn Uran U235 angereichert wird. Houtermans geht von einer Konzentration von 1,5 bis 2 % aus. Im natürlichen Uran ist Uran U235 zu 0,715 % enthalten. Der Anreicherungsgrad von Uran U235 beträgt in heutigen Leichtwasserreaktoren ungefähr 5 %. Bei Kernwaffen geht man von einem Anreicherungsgrad von mindestens 85 % aus[6]. Wichtig für unsere Betrachtungen ist die

Tatsache, dass Houtermans hier dokumentiert, dass die Anreicherung von Uran U235 notwendig ist, um eine Kettenreaktion zu erreichen und damit einen Reaktor zu betreiben oder eine Bombe zu bauen. Notwendig war also die Konstruktion einer Maschine zur Anreicherung von Uran U235.

Folgender Hinweis am Ende der Abhandlung ist noch wichtig: „Jedes Neutron, das anstatt an U235 Spaltung zu bewirken von U238 eingefangen wird, schafft also einen neuen, durch thermische Neutronen spaltbaren Kern. ... Der Vorteil gegenüber einer Isotopentrennungsapparatur ist aber der, dass das neugeschaffene Produkt, das ja eine Kernladung von 93 oder mehr hat (Anmerkung des Autors: Plutonium hat 94), chemisch nicht mehr mit dem Uran identisch ist und daher mit gewöhnlichen chemischen Methoden abzutrennen ist".
Damit zeigt Houtermans den Weg zur Erzeugung von Plutonium über den Kernreaktor unter Verwendung von Uran U235.

Am 26. Februar 1942 hielt Werner Heisenberg einen Vortrag vor Wissenschaftlern, führenden Regierungsvertretern und Vertretern der Rüstungsindustrie. Darin kommt folgende Passage vor: „... sobald eine solche Maschine (Anmerkung des Autors: gemeint ist ein Kernreaktor) einmal in Betrieb ist, erhält auch, nach einem Gedanken von v. Weizsäcker, die Frage nach der Gewinnung des Sprengstoffs eine neue Wendung. Bei der Umwandlung des Urans in der Maschine entsteht nämlich eine neue Substanz (das Element der Ordnungszahl 94), die höchstwahrscheinlich ein Sprengstoff der gleichen unvorstellbaren Wirkung ist. Diese Substanz lässt sich aber viel leichter aus dem Uran gewinnen, da sie chemisch von Uran getrennt werden kann."
Auffallend dabei ist, dass er Houtermans mit keinem Wort erwähnt, obwohl wie vorher gesehen die gleichen

Ausführungen von diesem in seinem Geheimbericht von 1941 gemacht werden und dieser Bericht ja an alle führenden Kernphysiker verteilt wurde, so auch an Werner Heisenberg. Heisenberg geht dabei nicht näher darauf ein, ob der Kernreaktor mit Uran U238, also natürlichem Uran, oder Uran U235 arbeiten sollte. Die von den deutschen Wissenschaftlern konstruierten Kernreaktoren verwandten dann ausschließlich natürliches Uran und schweres Wasser mit einer Neutronenquelle.

Die Versuche zur Anreicherung von Uran U235

Im Deutschen Reich wurden verschiedene Verfahren zur Isotopentrennung bzw. Anreicherungsverfahren getestet.[7] Nachfolgend eine Zusammenstellung der bekanntesten:

- Gastrennverfahren nach Clusius-Dickel. Dieses erwies sich jedoch bei Uranhexafluorid als nicht anwendbar, da der Trenneffekt unter 1 % lag.
- Benutzung eines Massenspektroskops. W. Walcher beschrieb diese elektromagnetische Methode. Diese wurde jedoch nicht durchgeführt.
- Trennung durch Diffusion in festen Stoffen. A. Klemm benutzte die verschiedenen Diffusionskonstanten für verschiedene Isotope zum Trennen der Isotope.
- Ausnutzen der verschieden großen Wanderungsbewegung isotoper Ionen in festen Salzen, indem ein elektrisches Feld angelegt wird. Es entsteht ein Konzentrationsgefälle. Dadurch besteht die Möglichkeit, verschiedene Mischungsverhältnisse in Abhängigkeit von der Kathode (Quelle) zu erreichen.
- Isotopenschleuse. Diese wurde von Bagge vorgeschlagen. Dabei wurde ein Molekülstrahl der

Substanz durch ein System von zwei rotierenden Blenden geschickt. Deren Geschwindigkeit war so abgestimmt, dass ein Paket mit dem leichteren Molekül durchgelassen wurde, während das mit dem schwereren Molekül zurückgehalten wurde.
- Entwicklung einer Ultrazentrifuge. Erste Tests mit einem Prototyp waren erfolgreich. Diese einzelnen Zentrifugen wurden danach zu sogenannten Kammerzentrifugen weiterentwickelt. Dadurch konnte die Ausbeute weiter gesteigert werden. So wurden Anreicherungsgrade von 5 % erreicht. Laut einer FIAT Review of German Science[8] wurden einige 100 Gramm an angereichertem Uran U235 hergestellt.
- Prof. Manfred von Ardenne, bei dem Houtermans beschäftigt war, befasste sich mit einem magnetischen Isotopentrenner für hohen Massentransport. Bei diesem handelte es sich um eine Versuchsanlage mit Zwei-Tonnen-Magnet, ringförmigem Trennmagnetfeld und zentral angeordneter Plasma-Dampf-Ionenquelle[9]. Mit dieser Pilotanlage wollte er 0,1 Gramm hochangereichertes Uran U235 pro Stunde gewinnen. Ardenne erstellte einen geheimen Sonderbericht „Über einen neuen magnetischen Isotopentrenner für hohen Massentransport" im März 1942. Ardenne war der Meinung, dass mit diesem Verfahren einige Kilogramm U235 gewonnen werden könnten, natürlich nicht mit der aufgebauten Versuchsanlage, sondern mit einem hochgezüchteten magnetischen Massentrenner.
- Parallel dazu wurde bei dem Amt für Physikalische Sonderfragen der Deutschen Reichspost in Miersdorf bei Berlin auch eine elektromagnetische Isotopentrennanlage aufgebaut. In Bad Saarow soll laut Karlsch[10] möglicherweise eine weitere Isotopentrennanlage bestanden haben. Karlsch zitiert den Heidelberger

Physikprofessor Ulrich Schmidt-Rohr[11], der davon ausgeht, dass selbst bei einer Laufzeit von einem Jahr nicht viel mehr als 10 Gramm hochangereichertes Uran U235 gewonnen werden konnte.

Nach dem jetzigen Kenntnisstand war damit die Menge von angereichertem Uran bis 1945 zu gering, um damit einen Kernreaktor oder eine Kernwaffe zu bauen. Wichtig ist dabei der Hinweis, dass sich dieser Kenntnisstand auf die zugänglichen offenen Quellen bezieht.

Karlsch verweist in [12] im Kapitel „Ein alternatives Kernwaffenkonzept" auf eine Fusionsbombe, an der im Deutschen Reich geforscht wurde.

Den Hinweis auf eine Kernspaltungsbombe präsentiert Karlsch in [13]. Dort wird ein sowjetisches Dokument präsentiert, in dem behauptet wird, die Konstruktionsunterlagen zeigten die Verwendung von U235 in der Atombombe.

Daher kommt Karlsch im gleichen Buch zur folgenden Aussage[14]: „Wir werden nach sechzig Jahren nicht mehr zweifelsfrei klären können, nach welchem Wirkungsprinzip „Hitlers Bombe" funktionierte." Jedoch ist für Karlsch der Weg über die Fusionsbombe ein praktikablerer Weg, da die notwendige Menge an Spaltstoffen, sprich angereichertem U235, fehlte.

Um die Menge an notwendigen Spaltstoffen für eine funktionierende Kernwaffe zu verringern, gibt es verschiedene Möglichkeiten. Dazu zählen:
- Verwendung eines Reflektormantels aus U238
- Verwendung von U233 anstelle von U235

Alle diese Möglichkeiten waren den deutschen Kernphysikern bekannt. Daher wollen wir in den nächsten Kapiteln untersuchen, welche Möglichkeiten bestanden, doch noch zu genügend spaltbarem Material für eine oder mehrere Bomben zu kommen.

Zusammenfassung

1. Die Anreicherung von U235 war nur in geringen Mengen möglich. Eine Erzeugung im Kilogramm- oder Tonnenbereich konnte nicht nachgewiesen werden.
2. Das verwirklichte Reaktorkonzept bestand aus natürlichem Uran U238 mit schwerem Wasser. Bis Kriegsende wurde kein über einen längeren Zeitraum funktionsfähiger Reaktor in Betrieb genommen.
3. Plutonium als Alternative hätte nur in einem Zyklotron oder Atomreaktor gewonnen werden können. Es waren auf dem Gebiet des Deutschen Reiches zwei Zyklotrone bekannt, das Heidelberger Zyklotron und das in Miersdorf, wobei das in Miersdorf bis Kriegsende nicht in Betrieb ging.[15] Beide waren auch nicht für die Gewinnung von Plutonium ausgelegt. Dadurch war auch dieser Weg zur Herstellung einer Kernwaffe nicht möglich.
4. Alternativen für die Möglichkeit des Erhalts der notwendige Menge an spaltbarem Material für die Produktion von Kernspaltungsbomben sind daher zu untersuchen.

Thorium

Was wussten deutsche Wissenschaftler von Thorium?

Begeben wir uns in das Jahr 1945. Im August befinden sich die wichtigsten Atomwissenschaftler des Deutschen Reiches in Farm Hall, Großbritannien. In [1] beschreibt Philip Henshall die Diskussion zwischen Hahn, Gerlach und Bagge über den Einsatz von Thorium Th230 in einer Atombombe laut den vorliegenden Protokollen der abhörenden Engländer.

Damals nannte man Thorium Th230 noch Ionium. Dieses ist ein stabiles radioaktives Isotop von Thorium mit einer Halbwertszeit von 80.000 Jahren. Es wird z.B. benutzt zur Bestimmung des Alters in Sedimenten des Meeres in derselben Art und Weise wie die bekannte C14-Methode. Thorium Th230 entsteht durch natürlichen Zerfall von Uran U234. Jedoch eignet sich Thorium Th230 nicht zur Atomspaltung in einer Atombombe. Trotzdem diskutierten am 11. August Hahn, Gerlach und Bagge über den Einsatz von Ionium (Th230) in einer Atombombe, welches technisch nicht möglich ist. Während der Diskussion wurde niemals erwähnt, das Thorium Th232 genauso wie Uran U238 Neutronen einfängt, durch Abgabe von Beta-Strahlung und Umwandlung zu einem hochspaltfähigen Isotop, Plutonium Pu239 im Fall von Uran U238 und Uran U233 im Fall von Thorium Th232, umgewandelt wird.

Es ist schon merkwürdig, dass diese führenden Atomwissenschaftler, davon Gerlach als Chef an der Spitze des Uranvereins während des Krieges und Diebner als rechte Hand Gerlachs, diesen Weg zu spaltfähigem Uran oder Plutonium nicht kennen sollten. Deshalb weist Henshall auch darauf hin, dass dieses Gespräch eher ein Ablenkungsmanöver darstellen sollte. Besonders da Gerlach Dutzende von Fragen über Thorium beantwortete laut Henshall.

Warum dieses angebliche Nicht-Wissen über den Weg mit Hilfe von Thorium Th232 zu spaltfähigem Uran U233 nicht stimmen kann, ergibt sich aus der schriftlichen Aussage von Prof. Houtermans. Diesen hatten wir schon als Mitarbeiter im privaten Forschungslabor von Manfred von Ardenne kennen gelernt. Bei der nachfolgenden schriftlichen Aussage muss man bedenken, dass sein ehemaliger Chef, der Baron Manfred von Ardenne, sich nach Einmarsch der Russen in Berlin schon für diese entschieden hatte. Dadurch gab es für Houtermans auch keinen Grund zur Zurückhaltung, als er am 3. September 1945 ein Dokument mit dem Titel „Wie man Thorium zur Kernenergie durch Kernspaltung benutzt" an seinen amerikanischen Verhörer übergab. Nachfolgend die deutsche Übersetzung des Dokuments, das im Original in Englisch abgefasst ist.[2]

Wie man Thorium zur Erzeugung von Kernenergie durch Kernspaltung nutzt

Man nehme reines Thorium oder Thoriumoxyd, mische dieses mit etwas U235 oder U239 abgetrennt von U238. Der notwendige Anteil von U235 oder Pu239 ist vermutlich geringer als 0,7 %, da der Resonanzeinfang bei Th größer zu sein scheint als bei U238.
Durch das Einfangen eines Neutrons wird Th233 erzeugt. Die Mischung ist so zu bemessen, dass in schwerem Wasser, möglicherweise auch in metallischem Beryllium oder auch BeO oder in Graphit, sofort eine Kettenreaktion beginnt, verzögert nur durch den Resonanzeinfang von Th233.

Es kann sein, dass die Kettenreaktion nur bei niedriger Temperatur arbeitet, wenn die Breite des Th-Resonanzeinfangs durch die Doppler-Verbreiterung (Doppler-Effekt) vorgegeben wird. Dies trifft besonders zu, je schwerer das Material zur Abbremsung der Neutronen ist z.b. für Graphit.
Es kann notwendig sein, auch bei niedrigeren Temperaturen die entstehende Energie durch die Kettenreaktion wegzukühlen, aber **jedes verlorene Neutron erzeugt ein Th233 Atom, welches in T=23min zu Pa233 zerfällt, β-Strahlung emittiert und zu U233 zerfällt. U233 scheint eine ziemlich lange Halbwertszeit zu besitzen und α-Teilchen zu erzeugen** (hervorgehoben durch den Autor).
Aber aus allgemeinen Überlegungen entsprechend denen von Bohr-Wheeler denke ich eher, dass U233 eine Spaltschwelle (fission threshold) besitzt, die niedrig genug ist, dass thermische Neutronen eine thermische Spaltung (thermofission) auslösen können. Wenn man eine wägbare Anzahl von Neutronen durch die Kettenreaktion in den getrennten Isotopen U235 oder Pu239 erhält, ist man im Stande U233 so weit anzureichern, dass die Kettenreaktion bei normaler Temperatur startet, oder es wird U233 chemisch abgetrennt von der Thorium-Mischung und verwendet es wie U235 oder Pu239 als Brennstoff für die Maschine.

3. September 1945   F. G. Houtermans

P.S. durch Gerard P. Kuiper, Frankfurt-Höchst, 7. Sept. 1945
Dieses ist Prof. Houtermans Voraussage, wie die Russen die Atombombe herstellen wollen. Keine Kopien hiervon wurden angefertigt, dieses ist das Original. Falls irgendein Gewinn oder Zuweisung aus dieser Abhandlung entstehen sollte, wünscht der Autor, dass

der Gewinn seiner Frau, Frau Houtermans, (Physics Department, Radcliffe College, Cambridge, Mass.) zu gute kommt.

Gerard P. Kuiper
ALSOS Mission

Dieses Dokument zeigt, dass Houtermans die Herstellungsschritte von Uran U233 aus Thorium Th232 kannte und auch die technischen Details. Das erstaunt auch deswegen, da Houtermans entsprechend den vorhandenen Unterlagen mit der Kernphysik nur durch seinen Arbeitgeber von Ardenne und die Reichspost, für die Ardenne ja arbeitete, in Berührung gekommen sein konnte. Zwar war von Ardenne auch mit Prof. Hahn vom KWI verbunden, jedoch gehörte Prof. Hahn nicht zum Uranverein, genauso wenig wie von Ardenne und Houtermans. Wie vorher schon erwähnt, wurde der Name Houtermans weder in Gesprächen in Farm Hall noch in bekannten Vorträgen erwähnt. Über die Verwendung von Thorium scheint eine Mauer des Schweigens bewusst gelegt worden zu sein, nur Houtermans, der ja auf niemanden Rücksicht nehmen musste, durchbrach diese.
Als Nächstes betrachten wir Thorium näher und versuchen Quellen über die Produktion von Thorium ausfindig zu machen.

Eigenschaften von Thorium

Thorium wurde 1828 in Norwegen entdeckt und nach dem Gott Thor benannt. Im Jahr 1898 entdeckten Marie Curie und Gerhard Schmidt zur gleichen Zeit die Radioaktivität von Thorium.

Der Anteil von Thorium in der oberen Erdkruste (16 km Dicke) beträgt $\approx$ 0,0012 %. Dabei handelt es sich fast ausschließlich um

Thorium Th232[3]. Damit ist Thorium etwa zwei- bis dreimal so häufig wie Uran.

Sehr häufig wird Thorium als Thoriumdioxyd in Monazitsanden gefunden. Aus diesem Thoriumdioxyd wird dann mit Calcium im Ofen unter Argon-Atmosphäre oder im Vakuumofen reduziert. Der entstandene Kuchen wird anschließend in Flusssäure gewaschen und das Thoriummetall abfiltriert.[4]

Herstellung von Uran U233 aus Thorium

Thorium Th232 hat einen sehr hohen Wirkungsquerschnitt für Neutronen mit kinetischen Energien größer 1 MeV, also wesentlich größer als für Neutronen mit thermischer Energie, siehe dazu [5]. Dadurch besteht die Möglichkeit, in einem Reaktor mit großer Neutronendichte Uran U233 zu erbrüten. Folgender Vorgang läuft dann ab: Aus Thorium Th232 wird durch Neutronenbestrahlung Thorium Th233 erbrütet. Dieses zerfällt über die Bildung von Proactinium Pa233 in Uran U233.

$$^{232}_{90}\text{Th} + ^{1}_{0}\text{n} \longrightarrow ^{233}_{90}\text{Th} \xrightarrow[22,2 \text{ min}]{\beta^-} ^{233}_{91}\text{Pa} \xrightarrow[26,97 \text{ d}]{\beta^-} ^{233}_{92}\text{U}$$

Bei den Zeitangaben handelt es sich um die Halbwertszeiten. Das Uran U233 hat eine Halbwertszeit von $\approx$ 160.000 Jahren.

In den USA wurden in den 1950er Jahren in zwei Uran-Reaktoren Thorium Th232 bestrahlt, um Uran U233 zu erzeugen. Benutzt wurde der 3 MW Low Intensity Test Reactor (LITR) in Oak Ridge und der 40 MW Material Test Reactor (MTR) in Idaho.

Abhängig vom Neutronenfluss im Reaktor wurde aus 1 kg Thorium Th232 nach einer Bestrahlungsdauer von 50 Tagen 1 Gramm Uran U233 erzeugt. Um genug Uran U233 für eine

Bombe mit einem Gewicht von 5 kg zu erzeugen, ist es notwendig, 5 Tonnen Thorium Th232 einer Bestrahlungsdauer von 50 Tagen auszusetzen. Für einen 40-MW-Reaktor würde die Produktionsdauer zum Erzeugen von 5 kg Uran U233 48 Tage betragen. Allerdings wird die Produktion von Uran U233 aus Thorium Th232 erschwert durch die starke Gammastrahlung von einem der Zerfallsprodukte, Thorium Th228 mit einer Halbwertszeit von 1,9 Jahren.[6] Verglichen mit der Zeit, die ein 40-MW-Reaktor braucht, um 5 kg Pu239 zu produzieren, ist dieses jedoch relativ kurz. Diese beträgt nämlich 120 Tage.[6]

Die Produzenten von Thorium

Wie im Abschnitt „Eigenschaften von Thorium" beschrieben, wird dieser in Monazitsanden gefunden. Um beurteilen zu können, ob Thorium als geeigneter Rohstoff in genügender Menge in Deutschland in den Jahren bis 1945 vorhanden war, ist zu untersuchen, wer Thorium im Deutschen Reich als Rohstoff einsetzte. Zuerst jedoch sehen wir uns etwas genauer das Monazit an, aus dem Thorium gewonnen wird.

Monazit ist der Oberbegriff für drei verschiedene Mineralien, die sich geringfügig in der Zusammensetzung unterscheiden. Interessant für die Thoriumgewinnung ist nur Monazit-(Ce) mit der chemischen Formel $(Ce, La, Nd, Th, Y)PO_4$. Die Reihenfolge der Elemente geben den Anteil des Elements in dem Mineral an. Da Monazit-(Ce) am häufigsten vorkommt, ist eine Mineralprobe, die nur als Monazit bezeichnet wird, wahrscheinlich Monazit-(Ce). Monazit ist ein wichtiges Erzmineral zur Gewinnung von Thorium, es enthält außerdem, wie an der chemischen Formel zu sehen ist, Metalle der seltenen Erden, die jedoch in unserer Betrachtung keine Rolle spielen. Der Durchschnittsgehalt von Thorium im Monazit beträgt ≈ 6 %.

Wo sind diese Lagerstätten zu finden bzw. hatte das Deutsche Reich Zugriff zu solchen Lagerstätten? Vorkommen gibt es in Australien, Brasilien, Florida, Indien, Malaysia, Sri Lanka und USA als Strand- und Flusslagerstätten. Pragmatische Fundstätten befinden sich in Bolivien, Brasilien, Finnland, Madagaskar, Norwegen, Österreich, Schweiz und USA[7]. Somit war das Deutsche Reich bzw. deutsche Firmen auf Importe angewiesen, da sich große Lagerstätten nicht im Machtbereich des Deutschen Reiches befanden. Die einzige bekannte Ausnahme waren die Joachimsthaler Uranbergwerke, die nach der Besetzung der Tschechoslowakei im deutschen Machtbereich lagen und deren Besitz sich die nachfolgend näher beschriebenen Auer-Werke gesichert hatten.

Recherchen über größeren Import von Thorium in das Deutsche Reich führen uns zu dem Auer-Konzern. Der Auer-Konzern, dessen Name auf den Chemiker Freiherr Carl Auer von Welsbach zurückgeht, der den Gasglühstrumpf erfand, produzierte jährlich etwa 100 Millionen Glühkörper, d.h. ein Drittel des Weltkonsums und benötigte hierzu 100 Tonnen Thoriumnitrat[8]. Gewonnen wird dieses aus Monazit-Sand aus Brasilien, welcher 5 % Monazit enthält. In diesem sind 1 % Thoriumoxyd enthalten.[9]

Das Thorium war notwendig, da zur Herstellung des Glühstrumpfes nach Carl Auer von Welsbach ein Netz aus Baumwolle mit einer Lösung mit 1 % Cernitrat und 99 % Thoriumnitrat getränkt wurde. Wurde dieses Netz angezündet, verbrannte das Gewebe und das Thoriumnitrat zersetzte sich in Thoriumoxyd. Dieses ergab ein weißeres und helleres Licht als vorher verwendete Mineralien. Erst vor wenigen Jahrzehnten wurde die Mischung durch Ytteriumoxyd und Ceroxyd abgelöst, die nicht mehr radioaktiv sind. Das Verfahren der Herstellung des Glühstrumpfes wurde 1885 unter dem Namen Auer-Glühstrumpf patentiert.

Abb. 1: Gaslaterne

Ein weiterer Einsatz von Thorium bei den Auerwerken war die Verwendung von Thorium in einer radioaktiven Zahncreme namens Doramad. Auch hier fand ThO_2 Verwendung.

Thorium wurde bei den Auerwerken auch für die Produktion von selbstleuchtende Farben verwendet.[10]

Zusammenfassend kann man feststellen, dass es mindestens eine Fabrik im Deutschen Reich gab, nämlich die Auerwerke, die in größerem Stil Thorium verarbeitete und importierte.

Die Auerwerke gehörten seit 1934 zu 100 % der Fa. DEGUSSA in Frankfurt. Diese hatte 1937/1938 eine thermische Reduktionsanlage für Thoriumoxyd aufgebaut. Aus dem Thoriumdioxyd der Auerwerke hatte DEGUSSA im Frankfurter Stammwerk bis 1940 schon 200 kg Thoriummetall produziert.[11] Diese wurde, nachdem das Heereswaffenamt Ende 1940 beschlossen hatte, die Reaktorexperimente mit Uranmetall weiterzuführen, umgebaut, da der Reduktionsvorgang bei Uranoxid ähnlich dem von Thoriumoxyd ist. Da unser Schwerpunkt jedoch das Thorium ist, ist es interessant, dass nach Unterlagen, die in Brüssel gefunden wurden, die Auerwerke das gesamte französische Thoriumlager im August 1944 ins Deutsche Reich gebracht hatte. Leider ist die Menge nicht bekannt. Ein von der ALSOS-Mission verhörter Chemiker der Auerwerke mit Namen Jansen erklärte, dass dieses Thorium zur Herstellung der radioaktiven Zahncreme Doramad gedacht war.[12] Angeblich wurde diese Aussage von den verhörenden ALSOS-Leuten akzeptiert. Erschüttert wird diese Darstellung durch einen ALSOS-Report über die Aussage eines Dr. Ing. Ernest Nagelstein (ALSOS-Report: 2/11/44: H-98. Subject: Interrogation of Dr. Ing. Ernest Nagelstein). Dieser hatte seine Informationen von einem U. W. Döring, der als Erfinder ein Labor in Berlin Charlottenburg betrieb.[13] Nachfolgend die deutsche Übersetzung des wichtigsten Abschnitts der Aussage:

Prof.Hahn arbeitet an dem Projekt bei dem KWI (Kaiser Wilhelm Institut) in Berlin. Die Atombombe wird entweder aus Thorium oder Uran hergestellt, Nagelstein ist sich nicht sicher welches davon. Ihm wurde trotzdem von Döring erzählt, **dass Auer metallisches Thorium herstellt und keine Verwendung von metallischem Thorium bekannt ist** (Hervorhebung durch den Autor). Egal ob Thorium oder Uran für eine Atombombe verwendet wird, es ist notwendig, einige Elemente hinzuzufügen, um die Reaktion zu verlangsamen, und 2 % Cadmium wird hierfür verwendet. Es wurde das Mindestgewicht für eine einzelne Bombe mit acht Tonnen berechnet.

Es werden bei dieser Aussage viele Gerüchte zu Protokoll gegeben, da weder Nagelstein noch Döring zu den Wissenschaftlern gehörten, die an der Entwicklung einer Atombombe bzw. eines Kernreaktors beteiligt waren. Trotzdem ist bei dieser Aussage wichtig, dass die Auerwerke Thoriummetall herstellten. Weiter oben hatten wir ja schon gesehen, dass die DEGUSSA, zu der ja die Auerwerke gehörten, ein Verfahren anwandten, um Thoriummetall zu erzeugen.

Thoriummetall wird gewonnen, indem Thoriumdioxyd in Form von Pulver oder Spänen im Ofen unter Argon-Atmosphäre oder im Vakuumofen reduziert wird (Anmerkung des Autors: Reduziert bedeutet das „Zurückführen" eines Metalloxyds auf das entsprechende Metall, bei uns Thoriumoxyd auf Thorium). Eine Reduktion mit Wasserstoff ist nicht möglich, da sich stattdessen Hydride bilden. Anschließend wird der Kuchen in Flusssäure gewaschen und das Thoriummetall abfiltriert.[14] Ein vom britischen Nachrichtendienst nach dem Krieg erstelltes Schema über die Anreicherung von Thorium und Uran zeigt den Ablauf der einzelnen Prozessschritte zur Herstellung des Thoriummetalls. Diese konnten jedoch laut Witkowski damit nichts anfangen, siehe [15]. In Abb. 2 ist das Schema in deutsch zur besseren Verständlichkeit dargestellt.

Fluß-Diagramm- Produktion von Uran oder Thorium Firma DEGUSSA

I Vorbereitung des Calciums

II Vorbereitung des Calciumchlorids

III Reduktion der Oxyde

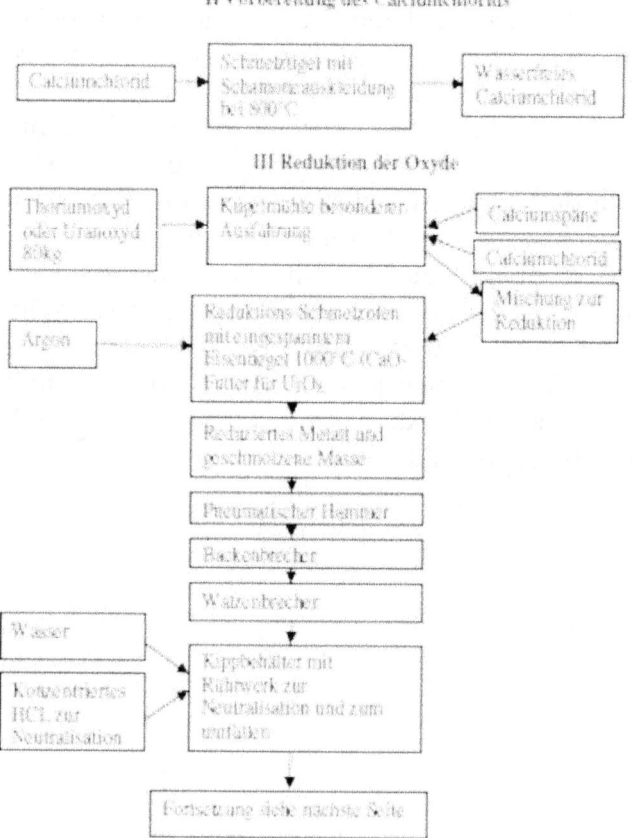

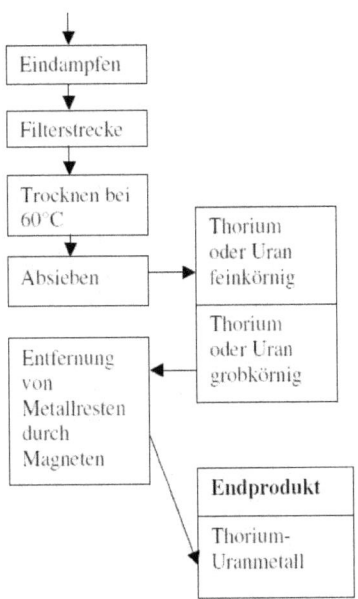

Abb. 2: Prozessschritte zur Herstellung von Thorium- bzw. Uranmetall. Original siehe [15].

Zusammenfassung

1. Thorium war im Deutschen Reich in großen Mengen vorhanden
2. Dass Thorium wichtig war, sieht man an der Sicherstellung der Thoriumvorräte Frankreichs
3. Die Verarbeitung von Thorium zu Thoriummetall war ein Prozess, den die DEGUSSA und die Auerwerke beherrschten und einsetzten
4. Die Erzeugung von Thoriummetall und Uranmetall sahen die gleichen Prozessschritte vor
5. Thoriummetall wie auch Uranmetall können als Ausgangsmaterialien zur Herstellung von spaltfähigem Uran benutzt werden
6. Die Erzeugung von Uran U233 aus Thorium Th232 war mindestens einem Teil der Wissenschaftler bekannt, die an der Kernenergie arbeiteten

Vergleich der Eigenschaften von Uran U235 und Uran U233

Wie in den vorherigen Abschnitten dargelegt wurde, besteht die Möglichkeit, aus Uran U238 spaltfähiges Uran U235 und aus Thorium Th232 spaltfähiges Uran U233 herzustellen. Da im Abschnitt „Ein privates Labor" darauf hingewiesen wurde, dass für eine Kernspaltungsbombe ein Anreicherungsgrad von Uran U235 von mindestens 85 % vorhanden sein muss, wäre es notwendig, z.b. durch Ultrazentrifugen diesen Anreicherungsgrad zu erreichen, wie dieses heutzutage geschieht. Besitzt man den Ausgangsstoff Thorium Th232 und will Uran U233 erzeugen, so ist es notwendig, dieses Thorium Th232 mit Neutronen zu bestrahlen. Einzelheiten sind dem Abschnitt „Herstellung von Uran U233 aus Thorium" zu entnehmen. Dabei kann es sich als Neutronenquelle um einen Reaktor handeln, wie es die Amerikaner durchführten, oder eine andere Neutronenquelle, die jedoch eine hohe Neutronendichte aufweisen muss.

Bevor wir jedoch näher auf die Herstellungsmethoden eingehen, vergleichen wir die Eigenschaften der beiden Uranisotope miteinander. Welches Isotop ist besser für den Bau einer Kernspaltungsbombe geeignet, vor allen Dingen in der damaligen Zeit unter den Bedingungen des Krieges. Drei Vorraussetzungen waren zur damaligen Zeit besonders wichtig:

- Herstellung mit den vorhandenen Ressourcen
- So schnell wie möglich, um eine Kriegswende in absehbarer Zeit erreichen zu können

- Klein und leicht, um in den vorhandenen bzw. in Entwicklung befindlichen Trägersystemen (Raketen und Flugzeugen) verwendet werden zu können

Vor allem der letzte Punkt ist immens wichtig. Nach Verlust der Lufthoheit an die Alliierten bestand eine sichere und zur damaligen Zeit nicht abzuwehrende Waffe in der Rakete V2. Diese war in der Lage, eine Nutzlast bis zu einer Tonne zu tragen.

Das wichtigste Kriterium zum Auslösen einer Kettenreaktion ist die sogenannte kritische Masse. Bei dieser setzt durch die lawinenartige Vermehrung der Neutronen die Kettenreaktion ein und die Kernspaltungsbombe wird gezündet. Wie in der nachfolgenden Tabelle dargestellt ist, kann die kritische Masse durch das Reflektieren der Neutronen, die das Uran verlassen wollen, verringert werden, da diese Neutronen dann auch zur Kernspaltung zur Verfügung stehen.

Vergleich der kritischen Masse von Uran U235 und Uran U233[1]

	Unreflektiert	Reflektiert 20 cm H_2O	Reflektiert 30 cm Stahl
U233	16,5 kg	7,3 kg	6,1 kg
U235	49 kg	22,8 kg	17,2 kg

Diese Tabelle gibt die berechneten kritischen Massen bei der Verwendung einer einfachen Reflektorschicht an. Was sofort auffällt, ist, dass die kritische Masse von Uran U233 bei nur ca. 34 % der kritischen Masse von Uran U235 liegt. Deshalb wurde nach dem Krieg auch an Uran U233 für Kernwaffen zum Abschuss aus Atomgeschützen geforscht, wie die Artikel eines gewissen H. V. Hajek[2] zeigen. Bevor darauf jedoch näher eingegangen wird, sollen weitere Möglichkeiten betrachtet werden, um die kritische Masse von Uran, egal ob Uran U235 oder Uran U233, weiter zu verringern.

Im Jahr 1942 beschäftigten sich die beiden Strömungsforscher Adolf Busemann und Gottfried Guderley mit der Fokussierung von Stoßwellen in der Luftfahrtforschungsanstalt Braunschweig. Dabei konnten sie zeigen, dass mit energiereichen, stoßartigen Wellen Druck- und Temperatursprünge in einem kleinen Bereich um das Konvergenzzentrum herum erreichbar waren. Daraufhin wurden, angeregt durch Carl Ramsauer von der AEG, Versuche mit deuteriumgefüllten Hohlkörpern beim Heereswaffenamt (Dr. Trinks, Dr. Diebner) und im Marinewaffenamt durchgeführt.[3] Wichtig für unsere Betrachtung ist, dass durch die Erhöhung des Drucks und der Temperatur die kritische Masse verringert werden kann.

Die Veröffentlichung der Daten einer durch die Schweiz projektierten Kernspaltungsbombe zeigt die Auswirkungen von Reflektor und Boosting bei einer solchen Bombe[4] (Boosting siehe weiter unten, Mini-Nukes).
Diese bestand aus 25 kg kugelförmigem Uran U235 umgeben von 200 kg Uran als Reflektor und Tamper. Durch die Benutzung einer kugelförmigen Implosion, ausgelöst durch hochexplosiven Sprengstoff, wurde ein maximaler Kompressionsfaktor von 1,6 erreicht. Da ungefähr 300 kg hochexplosiver Sprengstoff notwendig sind, um das Uran des Reflektors/Tampers und den Uran-U235-Kern zu komprimieren, kommt das Gewicht der gesamten Kernspaltungsbombe auf 500 bis 1000 kg.
Da jedoch Uran U233 nur rund ein Drittel der kritischen Masse benötigt als das oben angegebene Uran U235, ist es möglich, das Gewicht einer solchen Bombe weiter zu verringern.

In diesem Zusammenhang sind die nachfolgenden Aussagen des schon erwähnten H. V. Hajek interessant. Dieser arbeitete nach eigenen Angaben von 1946 bis 1949 für das französische Verteidigungsministerium. In einem Artikel „Zu Möglichkeiten von Kernreaktionen mittels Hohlladungen", der 1960 in der Zeitschrift „Wehrtechnische Monatshefte" erschien, weist der Autor zum Ende des Artikels auf das Uran U233 hin:
„Neben Lithium und Beryllium könnte auch das Uran Isotop U233 ein Interesse haben. Infolge seiner sehr kleinen kritischen Masse besitzt es einen großen Anwendungsbereich und wird heute schon in Atomgeschützen und Raketen verwendet."
Danach geht der Autor auf die uns schon bekannte Herstellung des Uran U233 ein und schreibt weiter: „Diese Operationen können heute auf industrieller Grundlage in den Atomreaktoren hergestellt werden."
Vergleicht man das schon in einem Artikel von H. V. Hajek 1955 dargestellte Schema einer Hohlladung mit dem aus einem deutschen Patent von 1952 (Patent 977 825), bei dem als Erfinder Dr. Erich Schuhmann und Dr. Walter Trinks genannt werden, so ist die Übereinstimmung der beiden Schemata schon verblüffend. In diesem Patent beziehen sich die beiden Erfinder auch auf Ergebnisse und Berechnungen aus Zeiten vor dem zweiten Weltkrieg. Da nach 1945 Forschung im Bereich der Atomtechnologie durch die Alliierten bis 1955 verboten war, konnten die vorgelegten Überlegungen in dem Patent nur während des Krieges erfolgt sein. In Abb. 3 und Abb. 4 sind die beiden Schemata wiedergegeben.

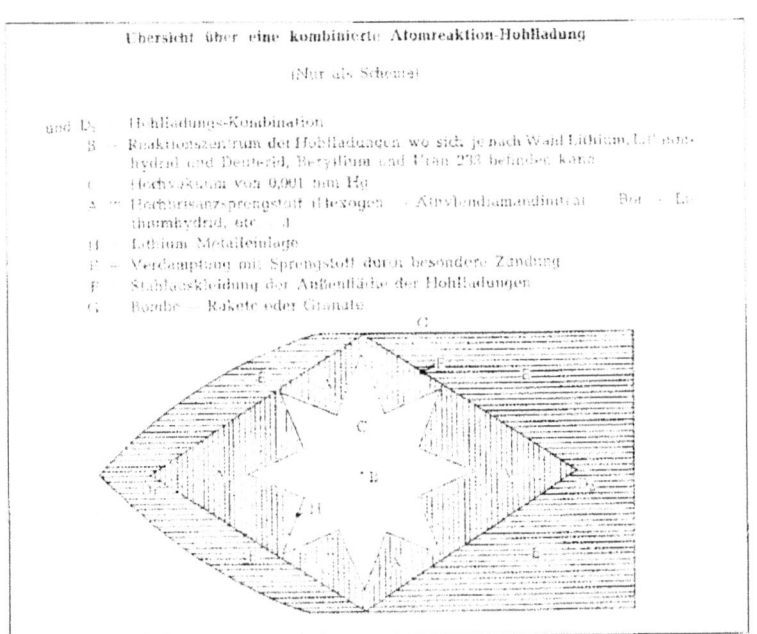

Abb. 3: Schema einer Atom-Hohlladung aus dem Artikel von Hajek in „Explosivstoffe" 5/6 1955

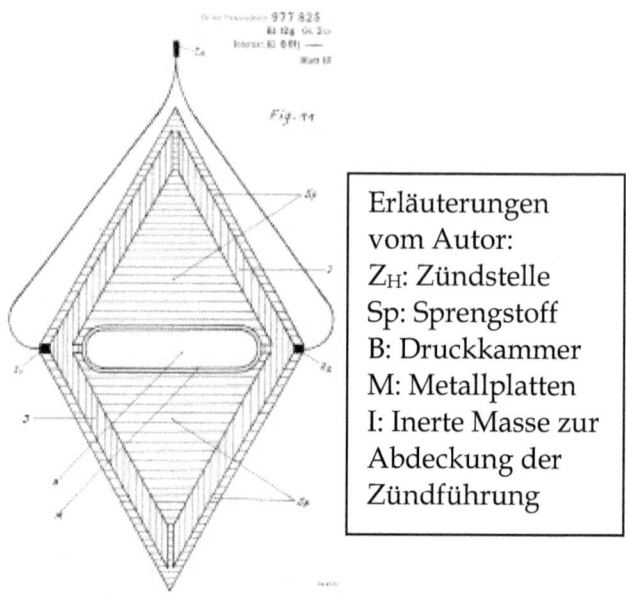

Abb. 4: Abbildung 11 aus dem Patent 977 825 von Dr. Schumann und Dr. Walter Trinks

Ein weiterer Artikel, der sich mit der Verkleinerung von sogenannten „Mini-Nukes" beschäftigt, ist der nachfolgende eines deutsch-amerikanischen Physikers mit Namen Friedwardt Winterberg. Dieser Artikel erschien 2004 in der „Zeitschrift für Naturforschung" mit dem Titel „Mini Fission-Fusion-Fission Explosions (Mini-Nukes). A Third Way Towards the Controlled Release of Nuclear Energy by Fission and Fusion".

Nachfolgend eine Zusammenfassung des Artikels:

„Chemisch gezündete Atomkern-Mikroexplosion mit einem Kernspaltungskern, einem DT-Reflektor und U238-(Th230)-Beschleuniger, ergeben eine hoffnungsvolle Alternative zur magnetisch eingeschlossenen Trägheitsfusion. In solch einer „Mini-Atombombe" implodiert der chemische Sprengstoff eine kugelförmige

metallische Schale auf einer anderen kleineren Schale. Die kleinere Schale ist dann der Auslöser der intensiven Schwarzkörperstrahlung, welche den Hitzeschild (ablator) des Beschleunigers aus U238 (Th232) verdampfen lässt, dadurch wird die Explosionsgeschwindigkeit auf $\approx$ 200 km/s erhöht, genügend, um das DT-Gemisch zu entzünden und eine Fusion auszulösen, welches sich zwischen dem Beschleuniger (pusher) und dem Kernsprengstoff befindet. Dieses resultiert in einer durch die bei der Fusion von DT entstandenen schnellen Neutronen hervorgerufenen Kernspaltung. Diese Kernspaltung wirkt wiederum zurück auf die Fusionsrate von DT und erhöht diese."
Wird mit ein paar kg Sprengstoff eine solche Explosion ausgelöst, so ergibt dieses laut Winterberg eine Verstärkung der Explosionswirkung von $\approx 10^3$.

Zusammenfassung

1. Die kritische Masse von Uran U233 beträgt nur ca. 34 % der kritischen Masse von Uran U235
2. Weitere Maßnahmen, wie Neutronenrückstreumantel, Tamper und Erhöhung des Drucks führen zu einer zusätzlichen Verringerung der kritischen Masse
3. Diese waren zum Ende des Krieges bekannt
4. Dadurch wäre es möglich gewesen, einen Atomsprengkopf in eine damals vorhandene Rakete, wie die V2 (Aggregat 4), einzubauen

Wer setzte Thorium im Dritten Reich ein?

Aus den vorherigen Kapiteln sind die offensichtlichen Produzenten von Thorium leicht zu identifizieren. DEGUSSA und Auergesellschaft als Erzeuger von Thoriummetall sowie der Zahnpasta Doramad, Glühstrümpfen und selbstleuchtender Farben. Eine Erklärung für das Verlangen im Dritten Reich, alle erreichbaren Thoriumvorräte zu besitzen, ergeben sich jedoch nicht aus diesen beschriebenen öffentlich bekannten Anwendungen. Nähern wir uns der Problemlösung über Informationen, die sich auf Thorium beziehen, aber nicht deren Einsatz beschreiben. Zwei Quellen sind bekannt:

1. Witkowski beschreibt in seinem Buch[1] den Aufbau der geheimnisvollen Glocke. Im Inneren war ein länglicher Keramikbehälter, der mit verschiedenen Substanzen gefüllt war, z.B. auch mit Thorium. In einem späteren Kapitel wird auf die einzelnen Substanzen näher eingegangen und eine Erklärung der Wirkungsweise aufgezeigt.
2. In dem ZDF-Film „Auf der Suche nach Hitlers Bombe" von Andreas Sulzer[2] wird eine Geheimdienstquelle gezeigt, bei der, laut Augenzeugen, in der unterirdischen Anlage Redl-Zipf in Österreich Thorium, Tungsten und Beryllium verarbeitet wurde.

Dabei ist interessant, dass die Anlage in Redl-Zipf auch durch die SS betrieben wurde, wie auch das Objekt „Riese" in Niederschlesien in der Nähe der Stadt Waldenburg, wo die Glocke entwickelt wurde. Es scheint so, als ob die SS an verschiedenen Orten bei ihren Entwicklungen Thorium einsetzte. War dieses die einzige Organisation, die daran interessiert war? Dieses ist nicht sehr wahrscheinlich. Dazu genügt schon, die Verbindungen einzelner Wissenschaftler mit den verschiedenen Organisationen zu betrachten. Beginnen wir mit Houtermans. Dieser beschäftigte sich, wie im Abschnitt „Ein privates Labor" beschrieben wurde, mit Neutronen. Genau solche benötigt man für die Gewinnung von Uran U233 aus Thorium Th232. Houtermans war durch das Labor Manfred von Ardenne mit der Reichspost verbunden. Aber nicht nur diese Verbindung gab es, sondern auch noch mindestens eine weitere. Laut Karlsch[3] war, in Abstimmung mit Gerlach, Houtermans als wissenschaftlicher Berater bei der Marine tätig. Dort wurde in der Chemisch-Physikalischen Versuchsanstalt angeblich an der Entwicklung einer Kernwaffe gearbeitet. Karlsch weist auf Besprechungen im September 1944 hin, an denen Erich Buchmann, als Vertreter von Konteradmiral Rhein, teilnahm. Bei diesen Besprechungen ging es um Forschungen im Kernwaffenbereich.[4] Konteradmiral Rhein war Vorgesetzter der Amtsgruppe Forschung, Erfindungs- und Patentwesen (FEP). Leiter dieser Amtsgruppe war Helmut Hasse. Dieser baute Ende 1941 ein Forschungsinstitut am Wannsee in Berlin auf, welches sich mit kernphysikalischer Grundlagenforschung befasste. Ab Herbst 1943 wurden Räume der Universität Göttingen für Forschungsarbeiten auf dem Gebiet der Hochdruckphysik belegt (Hochdruck und kritische Masse, siehe vorheriges Kapitel).

Forschungsarbeiten mit Thorium wurden außerdem von Prof. Georg Stetter vom II. Physikalischen Institut und Institut für Neutronenforschung der Universität Wien durchgeführt. Im „Bericht über das II. Physikalische Institut der Wiener Universität"[5] vom 1. Juli 1945 weist Prof. Stetter darauf hin, dass der Nachweis der Spaltbarkeit von Ionium (Anmerkung des Autors: Ionium = Thorium230) erbracht wurde und die Spaltung von Thorium näher untersucht wurde. Weitere Informationen sind dem Bericht nicht zu entnehmen.

Ein weiterer Schwerpunkt des Einsatzes von Thorium war und ist die Verwendung als Zusatz in Wolframschweißelektroden, Thoriumlegierungen und optischen Linsen.[6] Diese Anwendungen werden im Rahmen dieses Buches jedoch nicht betrachtet.

Zusammenfassung

1. Industrielle Herstellung zu Thoriummetall durch DEGUSSA und die Auer-Werke
2. Verarbeitung zu Zahnpasta, Glühstrümpfen und selbstleuchtenden Farben durch die Auer-Werke
3. Wissenschaftliche Erforschung der Eigenschaften von Thorium durch Prof. Stetter bei der Universität Wien. Prof. Stetter beschäftigte sich zudem mit Neutronenforschung
4. Einsatz bei der Produktion/Entwicklung(?) durch die SS in Redl-Zipf in Österreich und bei der Entwicklung der Glocke in der Anlage Riese in Niederschlesien
5. Einsatz als Zusatz bei Wolframschweißelektroden, Thoriumlegierungen und optischen Linsen

Neutronenquellen

Wie wir schon im Kapitel „Herstellung von Uran U233 aus Thorium" gesehen haben, ist es notwendig, eine Neutronenquelle zu besitzen, um aus Thorium Uran U233 herstellen zu können.
Wenn Versuche mit der Spaltung von Thorium gemacht wurden, so kann man davon ausgehen, dass bei diesen zuerst der Wirkungsquerschnitt mit verschiedenen Neutronenquellen und Neutronenenergien bestimmt wurden. Die Ergebnisse müssen daher zwangsläufig zu dem Ergebnis geführt haben, dass nur schnelle Neutronen einen Wirkungsquerschnitt ergeben, der zur Herstellung von Uran genutzt werden kann, siehe [1]. Konzentrieren wir uns also auf Neutronenquellen, die schnelle Neutronen erzeugen und schon in den 1940er Jahren vorhanden waren. Quelle soll dazu ein Lehrbuch aus dem Jahr 1943 sein. Sicher waren die Wissenschaftler schon weiter in ihren Erkenntnissen, jedoch kann dieses als Grundlage des Wissens über Neutronenquellen in diesen Jahren angenommen werden. In dem Buch „Grundlagen der Atomphysik" aus dem Jahr 1943 von Adolf Bauer wird als Neutronenquelle auf Seite 95 folgender Kernprozess aufgeführt:

$$^{9}_{4}Be + ^{4}_{2}He \rightarrow ^{12}_{6}C + ^{1}_{0}n + \gamma$$

Beryllium-Atomkerne werden mit α-Teilchen (Helium-Atomkernen) beschossen. Das Ergebnis ist ein Kohlenstoffatom sowie ein Neutron und γ-Strahlung.

Damit wird als Neutronenquelle die Kombination von Alphastrahler und leichtem Nuklid (Atomkern) als Target verwendet, wie oben dargestellt und als Kernprozess in dem Lehrbuch von 1943 beschrieben. Verwendet werden als Neutronenquellen Gemische aus Radium, Polonium oder Americium (Americium wurde erst im Herbst 1944 zum ersten Mal in den USA erzeugt, daher für unsere Betrachtung uninteressant. Anmerkung des Autors) und Beryllium, die über den oben dargestellten Kernprozess Neutronen erzeugen. Das Energiespektrum liegt im MeV-Bereich. Nachfolgend die Energieverteilung für eine Po-Be-Quelle:

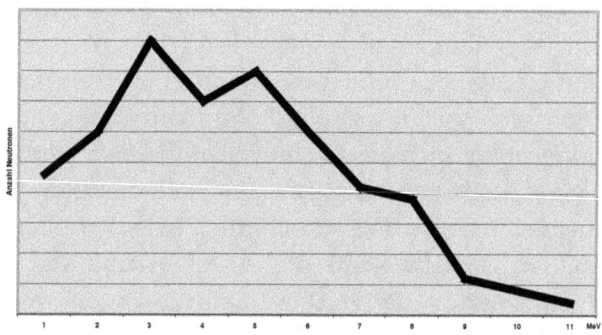

Abb. 5: Energieverteilung von Neutronen einer Po-Be-Quelle

Als weitere Neutronenquelle wird in dem erwähnten Buch „Grundlagen der Atomphysik" von Adolf Bauer auf Seite 93, dort als Neutronengenerator bezeichnet, der Beschuss von Protonen auf Lithiumatomkerne genannt. Dieses geschieht mit Hilfe eines Kaskadengenerators. Dabei werden Neutronen mit hoher Energie von bis zu 14 MeV frei. Ein Kaskadengenerator ist ein Hochspannungsgenerator, der sehr große Ausmaße annahm (z.B. Höhe von 7 m), um hohe Spannungen (bis zu 1,5 MV bei vierstufigem Ausbau) zu erreichen. Vorteil dieser Generatoren im Gegensatz zu den damals üblicherweise verwendeten elektrostatischen Anlagen war die geringere Baugröße und die höhere Stromstärke. Ein Bandgenerator lieferte maximal 0,1 mA, dagegen ein Kaskadengenerator bis zu mehreren mA.[2]

Zusammenfassung

1. Neutronenquellen als Kombination von Alphastrahler und leichtem Nuklid waren bekannt und wurden in der Wissenschaft eingesetzt
2. Ergiebigere Neutronenquellen mit höheren Energien der Neutronen wurden erzeugt mit Hochspannungsgeneratoren durch Beschuss von Neutronen auf Lithiumkerne
3. Die erzeugten Neutronen waren immer schnelle Neutronen mit Energien oberhalb 1 MeV bis 14 MeV (Stand 1943 laut [2])

Die Glocke und Thorium

Nehmen wir wieder die Verbindung zu der geheimnisvollen Glocke auf. Witkowski, der als Erster auf das Projekt mit der Glocke aufmerksam gemacht hatte, kam zu der Erkenntnis, dass es sich dabei um einen Apparat zur Gravitationsbeeinflussung handeln müsse. Grund war für ihn das in den Trommeln rotierende Quecksilber. Auf den Inhalt des Kerns ging er nicht näher ein, obwohl er diesen beschrieb. Wir werden uns als Ausgangspunkt mit den Aussagen von Witkowski beschäftigen und die der anderen Autoren nicht berücksichtigen. Der Grund ist, dass sich diese alle auf Witkowski beziehen, dieser also den Ausgangspunkt der Überlegungen darstellt.

In [1] stellt Witkowski den Aufbau der Glocke vor, wonach diese aus **zwei massiven Trommelzylindern** bestand, die sich mit **hoher Geschwindigkeit** in entgegengesetzter Richtung **drehten**. Im Inneren der Trommeln befand sich Quecksilber in Reinform. Die Trommeln waren aus silberfarbigem Metall gefertigt und drehten sich um eine gemeinsame Achse. Diese Achse bestand aus einem **Kern,** der einen Durchmesser von 10 bis 20 Zentimetern hatte. Das untere Ende des Kerns war an einem massiven Gestell befestigt, wobei das Gestell aus schwerem, hartem Metall gefertigt war. In diesem Kern wurde vor jedem Versuch ein länglicher Keramikbehälter platziert. Die Außenwände des Keramikbehälters waren mit einer etwa **drei Zentimeter dicken Bleischicht** bedeckt.
Der Keramikbehälter war ein bis anderthalb Meter lang und war mit einer **metallischen Substanz gefüllt**. Diese hatte eine goldviolette Schattierung und den Decknamen IRR XERUM-525 oder IRR SERUM-525. Die Zusammensetzung dieser Substanz bestand u.a. aus **Thoriumoxyd** und **Berylliumoxyd**. Dabei soll

es sich um ein **Quecksilberamalgam** handeln, welches **verschiedene schwere Isotope** enthielt.

Witkowski weist danach noch darauf hin, dass „in Bezug auf dieses Gerät kein einziges Mal die Bezeichnung „Waffe" gefallen wäre". Ein Informant hätte Witkowski mitgeteilt: „Es sei das geheimste Forschungsprogramm des Dritten Reiches gewesen"[2]. Darauf und auf die Wichtigkeit dieses Projektes deutet auch die Bescheinigung der AEG für einen Oberingenieur Crämer, dass dieser „mit der Entwicklung einer Apparatur befasst (ist), die vom Heereswaffenamt bei der AEG bestellt und als **kriegsentscheidend** wichtig bezeichnet worden ist". Dabei handelte es sich um das Hochspannungsprojekt für die Glocke unter dem Decknamen „Charitè-Anlage"[3].

Die Funktion des Kerns

Nachfolgend habe ich die vorhin gemachten Ausführungen nochmals aufgeführt:
„Diese Achse bestand aus einem **Kern,** der einen Durchmesser von 10 bis 20 Zentimetern hatte. Das untere Ende des Kerns war an einem massiven Gestell befestigt, wobei das Gestell aus schwerem, hartem Metall gefertigt war. In diesem Kern wurde vor jedem Versuch ein länglicher Keramikbehälter platziert. Die Außenwände des Keramikbehälters waren mit einer etwa **drei Zentimeter dicken Bleischicht** bedeckt.
Der Keramikbehälter war ein bis anderthalb Meter lang und war mit einer **metallischen Substanz gefüllt**. Diese hatte eine goldviolette Schattierung und den Decknamen IRR XERUM-525 oder IRR SERUM-525. Die Zusammensetzung dieser Substanz bestand u.a. aus **Thoriumoxyd** und **Berylliumoxyd**. Dabei soll es sich um ein **Quecksilberamalgam** handeln, welches **verschiedene schwere Isotope** enthielt".

47

Gehen wir zuerst auf den Inhalt des Kerns ein. Er besteht nach den Informationen von Witkowski aus **Thoriumoxyd** und **Berylliumoxyd**. Dabei soll es sich um ein **Quecksilberamalgam** handeln, welches **verschiedene schwere Isotope** enthielt. Bleiben wir bei Thoriumoxyd und Berylliumoxyd. Berylliumoxyd haben wir schon in dem Abschnitt „Neutronenquellen" kennen gelernt. Zusammen mit einem Alphastrahler erzeugt man damit Neutronen. Das üblicherweise als Alphastrahler damals verwendete Radium oder Polonium taucht zwar nicht bei der Aufzählung von Witkowski auf, eine andere mögliche Verwendung von Beryllium im Kern ist jedoch nicht bekannt. **Gehen wir also davon aus, dass Beryllium zusammen mit Radium oder Polonium als Neutronenquelle genutzt wurde.** Damit haben wir die erste Funktion des Kerns identifiziert.

Die zweite Funktion ist die Erzeugung von Uran U233 aus dem im Kern vorhandenen Thorium Th232 mit Hilfe der erzeugten Neutronen gemäß des Kernprozesses:

$$^{232}_{90}\text{Th} + ^{1}_{0}\text{n} \longrightarrow ^{233}_{90}\text{Th} \xrightarrow[22,2\ \text{min}]{\beta^-} ^{233}_{91}\text{Pa} \xrightarrow[26,97\ \text{d}]{\beta^-} ^{233}_{92}\text{U}$$

Erinnern wir uns an den folgenden Satz: „Dabei kann es sich als Neutronenquelle um einen Reaktor handeln, wie es die Amerikaner durchführten, oder eine andere Neutronenquelle, die jedoch eine hohe Neutronendichte aufweisen muss." Die im Abschnitt „Vergleich der Eigenschaften von Uran U235 und Uran U233" aufgeführte Aussage zeigt, dass die Neutronendichte hoch sein muss, da ansonsten die Ausbeute an Uran U233 gering ausfällt. Dies zeigten die Versuche der Amerikaner in den 50er Jahren. Damit haben wir zwar im ersten Schritt die Funktion für den Kern gelöst, nämlich die Erzeugung von Uran U233. Von Nachteil ist jedoch die geringe

Neutronendichte und damit die geringe Menge an erzeugtem Uran U233.

Um der Lösung dieses Problems näher zu kommen, betrachten wir die Funktion der drei Zentimeter dicken Bleischicht um den Kern. Was sollte dieser bewirken? Betrachtet man die Abschirmwirkung von Blei, so wird mit diesem α-, β- sowie γ-Strahlung gut abgeschirmt. **Dieses gilt jedoch nicht für Neutronenstrahlung.** Damit haben wir eine Erklärung für den Bleimantel. Kommen wir damit im nächsten Schritt zu der Erklärung der Funktionsweise der Trommeln.

Die Funktion der Trommeln

Kehren wir zuerst noch mal zu der Beschreibung der Trommeln zurück. Diese **massiven Trommelzylinder** bestanden aus silberfarbigem Metall, waren mit Quecksilber in Reinform gefüllt und drehten sich mit **hoher Geschwindigkeit** in entgegengesetzter Richtung. Zusätzlich wurde im Betrieb Hochspannung angelegt, siehe Abschnitt „Die Glocke und Thorium" und der Hinweis auf die AEG.

Was passiert nun bei der Rotation der Trommeln? Zuerst legt sich das Quecksilber, da es ja flüssig ist, an der Außenwand der Trommel durch die Zertifugalkraft an. Wird nun Hochspannung angelegt, so werden die Quecksilberatome ionisiert. Es entstehen also freie Elektronen und positiv geladene Atome, also ein Plasma. Das Elektron als negativ geladenes Teilchen wandert zu der positiv geladenen Trommelwand, dementsprechend die positiv geladenen Atome zum negativen Pol.
Die Energie, sprich die Geschwindigkeit, mit der die Elektronen bzw. Atome auf die Wandung treffen, hängt von zweierlei

Faktoren ab. Einmal von der Höhe der Hochspannung und zweitens von der Rotationsgeschwindigkeit der Trommeln, da sich beide Geschwindigkeiten überlagern. Siehe Abbildung 6.

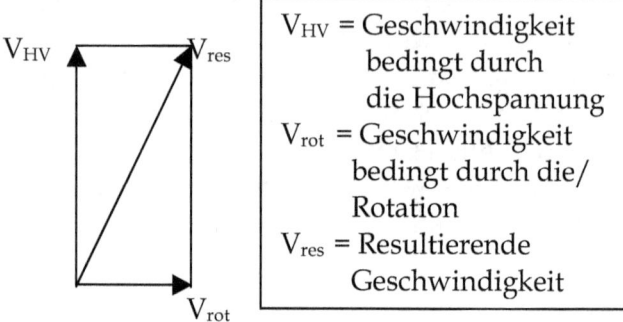

V_{HV} = Geschwindigkeit bedingt durch die Hochspannung
V_{rot} = Geschwindigkeit bedingt durch die/ Rotation
V_{res} = Resultierende Geschwindigkeit

Abb. 6: Darstellung der resultierenden Geschwindigkeit

Wird der Kern negativ geladen und die äußere Hülle positiv, so fliegen die positiv geladenen Quecksiberionen zu dem Kern und die Elektronen werden an der Hülle festgehalten, da ja die Quecksilberatome zuerst durch die auftretende Zentrifugalkraft an diese gepresst werden. Die Energie und die Richtung, mit der die positiv geladenen Atome auf den Kern auftreffen ist also einstellbar, sowohl durch die Rotationsgeschwindigkeit als auch durch die Hochspannung. Fassen wir zusammen:

1. In den Trommeln befindet sich Quecksilber in flüssiger Form
2. Die Trommeln werden auf hohe Drehzahlen beschleunigt
3. Durch die entstehende Zentrifugalkraft befindet sich das Quecksilber an der Außenwand der Trommeln
4. Einschalten der Hochspannung, wobei am Kern als innere Wand der Trommeln der negative Pol und an der äußeren Wand die positive Spannung angelegt wird

5. Elektronen, die negativ geladen sind, verbleiben an bzw. fliegen zu der äußeren Wand
6. Positiv geladene Quecksilberionen fliegen zu der inneren Wand der Trommel
7. Die Energie der Quecksilberionen lässt sich durch die Hochspannung und die Rotationsgeschwindigkeit steuern

Kehren wir kurz zu dem Sinn dieser Trommeln zurück. Im Abschnitt „Die Funktion des Kerns" wurde darauf hingewiesen, dass es notwendig ist, eine höhere Uranausbeute zu bekommen, indem die Neutronendichte erhöht wird. Dabei ist obiger Punkt 6 der entscheidende:

Die Quecksilberionen treffen auf die Bleiatome der Abdeckung des Kerns.

Nochmals, dieses ist der entscheidende Schritt! Zur Erklärung betrachten wir dazu heutige Schwerionenbeschleuniger. In [4] wird die Erzeugung neuer Elemente beschrieben. Dies geschieht durch den Beschuss z.B. von Nickel Ni28 auf Blei Pb82. Durch das Verschmelzen bei dem Beschuss wurde bei der GSI (Helmholtzzentrum für Schwerionenforschung GmbH) das Element Darmstadtium 110 erzeugt. Blei ist dabei ein geeignetes Ziel und, das ist für uns wichtig, es wird bei dieser Verschmelzung auch ein Neutron freigesetzt. Bei Spallationsquellen, welche moderne starke Neutronenquellen darstellen, wird Blei mit Protonen beschossen und dadurch freie Neutronen erzeugt[5]. Schwerionenbeschleuniger und Spallationsquellen arbeiten mit sehr hohen Energien. So wird bei der GSI ein 120 Meter langer Beschleuniger verwendet, der die Schwerionen auf ca. 20 MeV beschleunigt,[6] bei Spallationsquellen tritt der Spallationsprozess erst ab > 150 MeV auf. Solche hohen Energien waren damals in der

Glocke sicher nicht zu erwarten. Wichtig ist jedoch die Aussage, dass Blei ein geeignetes Ziel darstellt, um Neutronen zu erzeugen.

Gehen wir davon aus, dass die Energien der in der Glocke erzeugten Quecksilberionen so groß waren, dass diese die Abstoßung durch den Bleiatomkern überwinden konnten (Bleiatomkern und Quecksilberion sind beide positiv geladen und stoßen sich deswegen ab), so bestand die Möglichkeit von Kernprozessen, bei denen auch Neutronen freigesetzt wurden. In der nachstehenden Abbildung ist dieses durch die Geschwindigkeit V_0 dargestellt. Ist das Quecksilberion schneller als V_0, reagiert dieses mit dem Bleiatom.

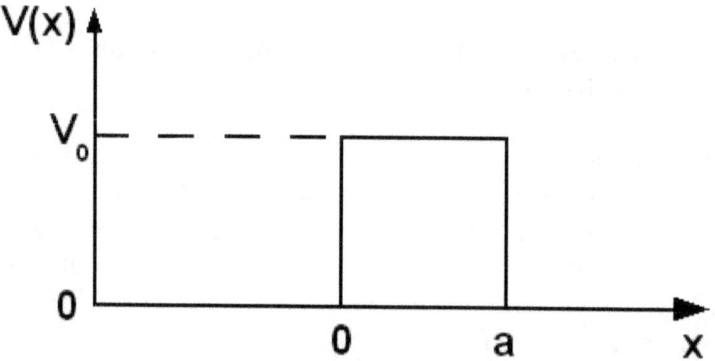

Abb. 6: Schematische Darstellung des Potentialwalls, der überwunden werden muss, um die Kerne miteinander reagieren zu lassen

Möglicherweise war auch der Tunneleffekt daran beteiligt, sodass der Potentialwall durch das Quecksilberion nicht überwunden werden musste. Wichtig ist jedoch das Resultat der dann möglichen Reaktion der beiden Atomkerne miteinander. Denn dann hat die Kombination Quecksilberion und Urankern einen großen Vorteil. Da die Massen beider Kerne fast gleich sind, so liegt die Masse von Quecksilber bei

200 und die von Blei bei 207, findet daher laut den Stoßgesetzten eine maximale Energieübertragung statt. Die für uns wichtige Neutronenerzeugung ist damit sehr wahrscheinlich.

In dem Abschnitt „Die Funktion des Kerns" wurde auch beschrieben, dass Blei eine schlechte Abschirmwirkung für Neutronen hat und damit die erzeugten Neutronen in den Kern gelangen lässt.

Damit haben wir die Erklärung für die Trommeln gefunden:

Zusätzliche Erzeugung von Neutronen zur Erhöhung der Uran U233-Ausbeute.

Als letzter Punkt bleibt noch die Erklärung der Verwendung von zwei Trommeln, die in entgegengesetzte Richtung rotieren, übrig. Betrachten wir einen normalen Automotor, bei diesem gibt es bei manchen Konstruktionen sogenannte Ausgleichswellen. Diese drehen sich entgegengesetzt der Drehrichtung der Kurbelwelle und dienen dazu, Vibrationen des Motors zu dämpfen und damit den Motor ruhiger laufen zu lassen. Genau dasselbe sollte die zweite entgegengesetzt drehende Trommel bewirken! Damit haben wir auch dieses Rätsel gelöst.

Die entgegengesetzten Drehrichtungen der Trommeln dienten zur Reduzierung der Vibrationen bei hohen Drehzahlen.

Die Funktionsweise der Glocke ist damit geklärt:

Die Glocke diente bzw. sollte zur Herstellung von größeren Mengen Uran U233 aus Thorium Th232 dienen und damit zur Voraussetzung der Produktion einer relativ kleinen Kernwaffe, um diese z.B. mit Raketen verschießen zu können.

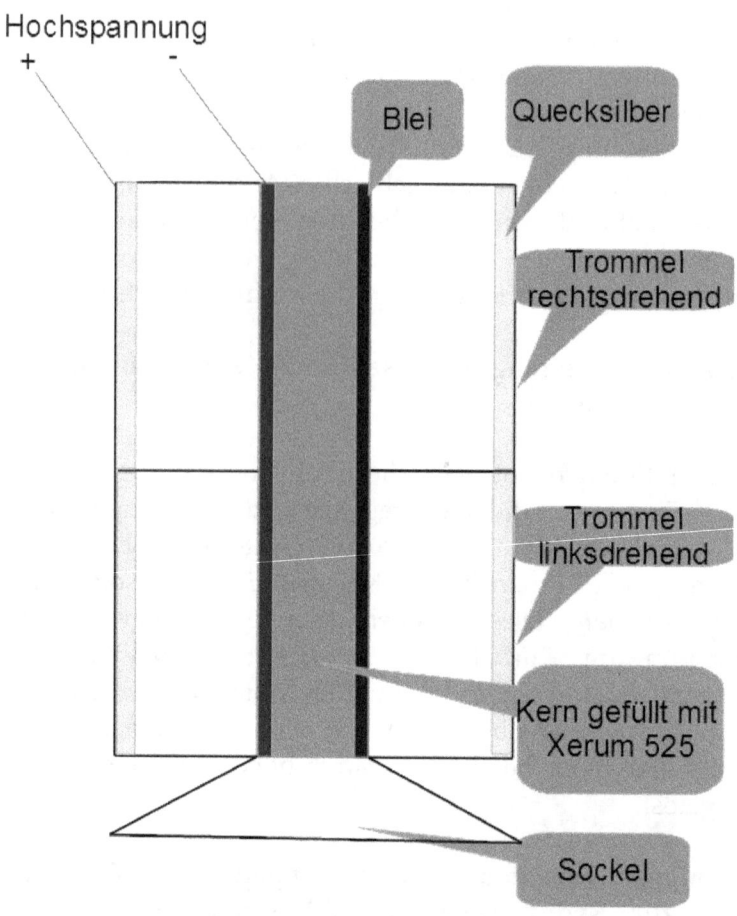

Abb. 7: Schematische Darstellung der Glocke, nicht maßstabgetreu und ohne Abdeckung

Zusammenfassung

1. Im Kern befand sich eine Neutronenquelle
2. Die Neutronenquelle diente zur Erzeugung von U233 aus Th232
3. Um die Ausbeute an U233 zu erhöhen, war eine weitere starke Neutronenquelle notwendig
4. Diese zusätzliche Neutronenquelle wurde gebildet durch den Beschuss von Bleiatomen durch die in den Trommeln vorhandenen Quecksilberionen
5. Durch die Variation der Drehgeschwindigkeit der Trommeln und der angelegten Hochspannung konnte die Aufprallenergie der Quecksilberionen variiert werden
6. Die Verwendung von Quecksilberionen und Bleiatomen mit fast demselben Atomgewicht führt zu einer maximalen Energieübertragung
7. Die Verwendung von zwei in entgegengesetzte Richtung drehenden Trommeln dienten zur Reduzierung der auftretenden Vibrationen
8. Mit der Glocke sollte Uran U233 in größeren Mengen erzeugt werden

Beweise

Witkowski schreibt in [1]: „Während eines Versuchs führen sie zur Emission intensiver Strahlung, darunter von Röntgen- und Neutronenstrahlung (Bezog sich auf den Plasma Focus in der Nähe von Warschau. Anmerkung des Autors). Dieses Mal konnten auf einen Schlag einige weitere Puzzleteile geklärt werden: die Strahlenschutzverkleidung, die Strahlen an sich, die Umwandlung von Quecksilber in Gold (sicherlich in begrenztem Umfang als Ergebnis der Kernverschmelzung), **die sich im Metallfundament der deutschen Glocke bildenden Gasblasen (zweifellos aufgrund der Neutroneneinwirkung)**" (hervorgehoben durch den Autor).

Auch bei Karlsch findet man Hinweise zu Neutronenstrahlung.[2] So schreibt er: „Eine andere Spur führte nach Niederschlesien ... In der Nähe des Dorfes Ludwigsdorf (heute Ludkowice) ... finden sich imposante Überreste einer unbekannten technischen Anlage. Kreisförmig mit einem Durchmesser von rund 35 Metern sind ungefähr zwölf Meter hohe Betonsäulen angeordnet. Ins Zentrum der Anlage führte eine massive Stromleitung. **Überraschenderweise ergab eine Untersuchung des Betonputzes, dass dort Kobalt 60 zu finden ist, das vornehmlich infolge einer starken Neutroneneinwirkung auf Eisen oder Nickel entsteht**" (hervorgehoben durch den Autor). Diese Anlage gehörte zu dem Objekt „Riese", in dem sich auch die Glocke befunden haben soll. Witkowski ist jedoch der Meinung, dass es sich dabei um ein Gestell zum Testen von senkrecht startenden Objekten handeln würde, da er ja die Meinung vertritt, die Glocke sei ein Gerät zur Überwindung der Schwerkraft.

Weitere, jedoch eher indirekte Beweise liefert die Einstufung der Projektes der Glocke als **kriegsentscheidend** und der Hinweis, dass die Glocke nie als **Waffe** bezeichnet wurde, siehe Abschnitt „Die Glocke und Thorium". Eine Waffe war die Glocke nicht, sondern ein Apparat, um waffenfähiges Uran U233 zu erzeugen. Kriegsentscheidend, wenn Kernwaffen aus Uran U233 mit Raketen auf den Gegner verschossen worden wären, da es zu der damaligen Zeit keine Abwehrmöglichkeiten für den Gegner gab. Also eine ultimative Waffe.

Epilog

Ein weiter aber spannender Weg war es, vom Einsatz des Thoriums in den Glühstrümpfen des Freiherrn Carl Auer von Welsbach bis zu der geheimnisvollen Glocke. Vieles ist besonders bei Letzterem noch nicht geklärt und wird vielleicht nie geklärt werden, da die Quellenlage sehr schlecht ist und dadurch Spekulationen Tür und Tor geöffnet wird. Ich habe versucht in diesem Buch den Raum für Spekulationen so klein wie möglich zu halten. Ohne solche ist es jedoch nicht möglich, ein Resultat zu präsentieren. Wichtig war zu versuchen die Funktionsweise aus dem Blickwinkel der Wissenschaftler und Ingenieure der damaligen Zeit zu erfassen. Zur Absicherung der Resultate dienten dann auch neuere wissenschaftliche Erkenntnisse. Trotzdem ist vieles unsicher und spekulativ, das macht jedoch meiner Meinung nach das Reizvolle an diesem Thema aus. Gäbe es so etwas nicht und wäre alles erklärbar, wäre das Leben nicht spannend, sondern langweilig!

Glossar

Nachfolgend einige Erklärungen zu Fachausdrücken, die in dem Buch vorkommen.

Atom: Ein Atom besteht aus einem Atomkern und Elektronen, die auf bestimmten Elektronenbahnen um das Atom kreisen (das Bohrsche Atommodell).

Atomkern: Der Atomkern besteht aus mindestens einem Proton, wie der Atomkern des Wasserstoffatoms. Alle anderen Atome bestehen aus einem Gemisch von Protonen und Neutronen.

Atomgewicht: Das Atomgewicht, gebildet aus der Anzahl der Neutronen und Protonen, ist immer niedriger als die Summe der einzeln gezählten Neutronen- und Protonenmassen. Die Differenz ist die sogenannte Bindungsenergie.

Atomkern, Ladung: Die Anzahl der Protonen gibt die Ladung des Atomkerns an. Da Protonen positiv geladen sind, ist der Atomkern auch positiv geladen.

Bindungsenergie: Die Arbeit, die notwendig ist, um den Atomkern in seine Bestandteile, also die einzelnen Protonen und Neutronen, zu zerlegen.

Blei, Abschirmung:	Eignet sich besonders gut zur Abschirmung von Röntgenstrahlung und Gammastrahlung. Neutronenstrahlung kann durch Blei nicht abgeschirmt werden.
Boosting:	In einer Kernspaltungsbombe wird ein kleiner Anteil Wasserstoff zur Fusion angeregt und erzeugt zusätzliche Neutronen. Diese erhöht damit die Anzahl der Kernspaltungen.
eV:	Elektronvolt. Die Energie, die jedes Teilchen, das mit einer Elementarladung geladen ist, aufnimmt, wenn es eine Spannungsdifferenz von 1 Volt durchquert. 1 Million eV = 1 MeV.
Fusionsbombe:	Durch die Fusion werden zwei Atomkerne zu einem neuen Kern verschmolzen. Dabei wird Energie abgegeben. Beispiel dafür ist die Verschmelzung von Deuterium und Tritium zu Helium.
Halbwertszeit:	Halbwertszeit ist die Zeit, in der sich genau die Hälfte der am Anfang vorhandenen Atomkerne in einen anderen Atomkern durch radioaktiven Zerfall verwandelt hat.
Ionium:	Bezeichnung für Thorium 230.

Isotope:	Isotope sind Atomkerne mit verschiedener Anzahl von Neutronen im Kern. Beispiel: Uran238, Uran235, Uran238. Alle diese Kerne besitzen gleich viel Protonen, nämlich 92, jedoch eine verschiedene Anzahl von Neutronen. Die Anzahl der Neutronen errechnet sich aus der Differenz der Masse des Kerns und der Anzahl Protonen. Beispiel: U233: 233−92=141.
Kernspaltungsbombe:	Durch Neutronen werden Atomkerne, wie U235, U233 oder Pu239 gespalten und dabei Energie freigesetzt. Oberhalb einer bestimmten kritischen Masse entsteht eine Kettenreaktion, die sich selbst erhält.
Neutronen:	Baustein des Atomkerns, nur stabil in dem Kern, wenn ein Neutron einzeln auftritt, so zerfällt dieses nach ca. 17 Minuten.
Neutronen, thermische:	Neutronen mit einer Energie, die der thermischen Umgebung entspricht. Die Energie beträgt im Mittel 0,039 eV.
Neutronen, schnelle:	Neutronen mit einer Energie > 0,5 MeV. Diese können verschiedene Arten von Wechselwirkungen an Atomkernen auslösen.

Resonanzeinfang:	Wird Uran mit Neutronen beschossen, so werden nicht alle Atomkerne gespalten, sondern ein Teil absorbiert das Neutron. Diesen Vorgang nennt man Resonanzeinfang.
Schema eines Kernprozesses:	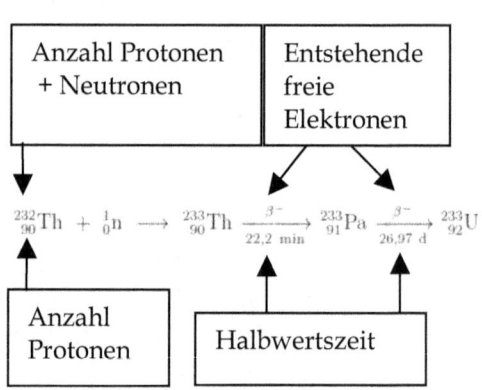
Tamper:	Ein Tamper ist ein Reflektor z.B. aus Urancarbid. Dieser Reflektor dient bei einer Kernwaffe zur Reduzierung der kritischen Masse und soll die Expansion des Spaltmaterials verzögern. Dadurch ist die Explosion länger anhaltend und wird nicht unterbrochen.
Wirkungsquerschnitt:	Darunter versteht man die Wahrscheinlichkeit, mit der ein bestimmter Prozess zwischen zwei Teilchen, z.B. Absorption, Streuung, auftreten kann.

Anmerkungen

Der Anfang

1 David Irving, Der Traum von der deutschen Atombombe, rororo 1967, Seite 31
2 David Irving, Der Traum von der deutschen Atombombe, rororo 1967, Seite 33
3 Geheimdokumente zum deutschen Atomprogramm 1938–1945, Deutsches Museum ISBN 3-924183-80-5, Forschungszentrum Berlin
4 Manfred von Ardenne, Sechzig Jahre für Forschung und Fortschritt, Verlag der Nation 1987, ISBN 3-373-00017-3, Seite 165
5 Max Planck Institut für Wissenschaftsgeschichte
6 Wikipedia, „Uran-Anreicherung"
7 David Irving, Der Traum von der deutschen Atombombe, rororo 1967, Seite 77–80
8 FIAT Review of German Science 1939–1946, Nuclear Physics and Cosmic Rays, Part II, Seite 190
9 Manfred von Ardenne, Ein glückliches Leben für Technik und Forschung, Verlag der Nation 1982, Seite 175
10 Rainer Karlsch, Hitlers Bombe, DVA 2005, ISBN 3-421-05809-1, Seite 128
11 Rainer Karlsch, Hitlers Bombe, DVA 2005, ISBN 3-421-05809-1, Seite 130
12 Rainer Karlsch, Hitlers Bombe, DVA 2005, ISBN 3-421-05809-1, Seite 141
13 Rainer Karlsch, Hitlers Bombe, DVA 2005, ISBN 3-421-05809-1, Seite 338
14 Rainer Karlsch, Hitlers Bombe, DVA 2005, ISBN 3-421-05809-1, Seite 236

15 FIAT Review of German Science 1939–1946, Nuclear Physics and Cosmic Rays, Part II, Seite 28–42

Thorium

1 Philip Henshall, The Nuclear Axis, Sutton Publishing Limited 2000, ISBN 0-7509-2293-1, Seite 38
2 Philip Henshall, The Nuclear Axis, Sutton Publishing Limited 2000, ISBN 0-7509-2293-1, Seite 40
3 Römpps Chemisches Wörterbuch, Franckh'sche Verlagshandlung 1969, Seite 861
4 Wikipedia, Schlagwort „Thorium"
5 Fratscher/Felke, Einführung in die Kernenergietechnik, VEB, Deutscher Verlag für Grundstoffindustrie, Leipzig 1971, Seite 43
sowie H. Pose, Einführung in die Physik des Atomkerns, VEB Deutscher Verlag der Wissenschaften, Berlin 1971, Seite 186
6 Philip Henshall, The Nuclear Axis, Sutton Publishing Limited 2000, ISBN 0-7509-2293-1, Seite 199, 200
7 www.wissenimnetz.info/mineral/lex/abc/m/monazit.htm
8 Böken R.C., Die Verwendung der seltenen Erden, Verlag von Veit & Co, Leipzig 1913
9 Böken R.C., Die Verwendung der seltenen Erden, Verlag von Veit & Co, Leipzig 1913
10 Production of luminous compounds at the works of Auer Gesellschaft A.G., Final Report No. 303, Item No. 21, British Intelligence Objectives Sub-Committee
11 Karl Heinz Roth, http://stiftung-sozialgeschichte.de/ZeitschriftOnline/pdfs/degussa.pdf , Ein Spezialunternehmen für Verbrennungskreisläufe, Konzernskizze Degussa

12 Philip Henshall, The Nuclear Axis, Sutton Publishing Limited 2000, ISBN 0-7509-2293-1, Seite 200
13 Geheimdokumente zum deutschen Atomprogramm 1938-1945, Deutsches Museum, ISBN 3-924183-80-5, Quelle 20, atom/big1_1.jpg
14 Wikipedia, Schlagwort Thorium
15 Igor Witkowski, Die Wahrheit über die Wunderwaffe, Band 3, Mosquito Verlag 2011, Seite 279

Vergleich der Eigenschaften von Uran U235 und Uran U233

1 Wikipeda „Kritische Masse"
2 Rainer Karlsch, Heiko Ptermann, Für und Wider Hitlers Bombe, Waxmann Verlag 2007, ISBN 978-3-8309-1893-6, Seite 334
3 Rainer Karlsch, Hitlers Bombe, DVA 2005, ISBN 3-421-05809-1, ab Seite 141
4 The physical principles of thermonuclear explosives, inertial confinement fusion, and the quest forfourth generation nuclear weapons, Andre Gsponer and Jean-Pierre Hurni, Independent Scientific Research InstituteBox 30, CH-1211 Geneva-12, Switzerland, January 20 2009, Seiten 7, 8

Wer setzte Thorium im Dritten Reich ein?

1 Igor Witkowski, Die Wahrheit über die Wunderwaffe, Band 3, Mosquito Verlag 2011, Seite 126
2 ZDF-Film „Auf der Suche nach Hitlers Bombe" von Andreas Sulzer in der Filmreihe ZDF: Zeit, abrufbar auf Youtube

3   Rainer Karlsch, Hitlers Bombe, DVA 2005, ISBN 3-421-05809-1, Seite 180
4   Rainer Karlsch, Hitlers Bombe, DVA 2005, ISBN 3-421-05809-1, ab Seite 172
5   Bericht über das II. Physikalische Institut der Wiener Universität vom 1. Juli 1945, Seite 13, Geheimdokumente zum deutschen Atomprogramm 1938-1945, Deutsches Museum 2001, ISBN 3-924183-80-5
6   Robert J. Schwankner, Alexander Brummeisl, Christian Feigl, Peter Schöffl, Frühe Verwendungsgeschichte von Thorium, Geowissenschaften 12 (1994) Heft 3

Neutronenquellen

1   Fratscher/Felke, Einführung in die Kernenergietechnik, VEB, Deutscher Verlag für Grundstoffindustrie, Leipzig 1971, Seite 43
2   Adolf Bauer, Grundlagen der Atomphysik, Springer Verlag 1943, Seite 103–110

Die Glocke und Thorium

1   Igor Witkowski, Die Wahrheit über die Wunderwaffe, Band 2, Mosquito Verlag 2011, Seite 125–127
2   Igor Witkowski, Die Wahrheit über die Wunderwaffe, Band 2, Mosquito Verlag 2011, Seite 128
3   Igor Witkowski, Die Wahrheit über die Wunderwaffe, Band 2, Mosquito Verlag 2011, Seite 172, 173
4   https://www.gsi.de/forschungsbeschleuniger/forschung_ein_ueberblick/neue_elemente/erzeugung.htm

5 https://www.frm2.tum.de/die-neutronenquelle/neutronen/wie-erzeugt-man-neutronenstrahlen
6 erlangen.physicsmasterclasses.org/exp_besch/exp_besch_02.html

Beweise

1 Igor Witkowski, Die Wahrheit über die Wunderwaffe, Band 2, Mosquito Verlag 2011, Seite 158
2 Rainer Karlsch, Hitlers Bombe, DVA 2005, ISBN 3-421-05809-1, Seite 199

www.ingramcontent.com/pod-product-compliance
Lightning Source LLC
Chambersburg PA
CBHW050240230526
45470CB00005B/2042